나에게 장미를 선물해주는 아르튀르에게
– 에마뉘엘 케시르-르프티

나에게 미모사를 선물해주는 빅토르에게
– 레아 모프티

Fleurs de saison
Emmanuelle Kecir-Lepetit, Léa Maupetit

꽃의 계절

글쓴이 에마뉘엘 케시르-르프티 Emmanuelle Kecir-Lepetit
프랑스 파리에서 태어났으며, 소르본 대학교에서 문학을 공부했습니다. 현재는 프랑스의 여러 출판사들과 다양한 책들을 펴내고 있습니다. 분야와 시대를 뛰어넘는 재미있고 유익한 교양서를 만들고 싶은 소망이 있습니다.

그린이 레아 모프티 Léa Maupetit
파리에 살고 있는 젊은 일러스트레이터입니다. 레아는 2015년에 ECV Paris를 졸업하고 마티스의 색채와 선을 닮은 밝고 선명한 컬러 작업들을 기반으로 삶과 유머가 가득 찬 그녀만의 스타일을 창조하고 있습니다.

옮긴이 권지현
한국외국어대학교 통역번역대학원 한불과를 나온 뒤 파리 통역번역대학원(ESIT) 번역부 특별과정과 동 대학원 박사과정을 졸업하고, 현재 이화여자대학교 통역번역대학원에서 강의를 하고 있습니다.

꽃의 계절

초판 1쇄 2023년 3월 27일
글쓴이 에마뉘엘 케시르-르프티 | **그린이** 레아 모프티 | **옮긴이** 권지현
편집 북지육림 | **본문디자인** 히읗 | **제작** 천일문화사
펴낸곳 지노 | **펴낸이** 도진호, 조소진 | **출판신고** 2018년 4월 4일
주소 경기도 고양시 일산서구 강선로 49, 911호
전화 070-4156-7770 | **팩스** 031-629-6577 | **이메일** jinopress@gmail.com

ISBN 979-11-90282-66-6 04480
ISBN 979-11-90282-65-9 (세트)

FLEURS de saison

꽃의 계절

사계절 피어나는 37송이 꽃을 읽는 시간

Emmanuelle Kecir-Lepetit
Léa Maupetit

에마뉘엘 케시르-르프티 글
레아 모프티 그림
권지현 옮김

JINOPRESS

차례

봄

여름

가을

겨울

꽃

꽃은 정말 예쁘고 싱그러운 향기가 나요. 예쁠 뿐만 아니라 쓸모도 많아요.
사실 꽃은 식물의 생식기관이거든요.

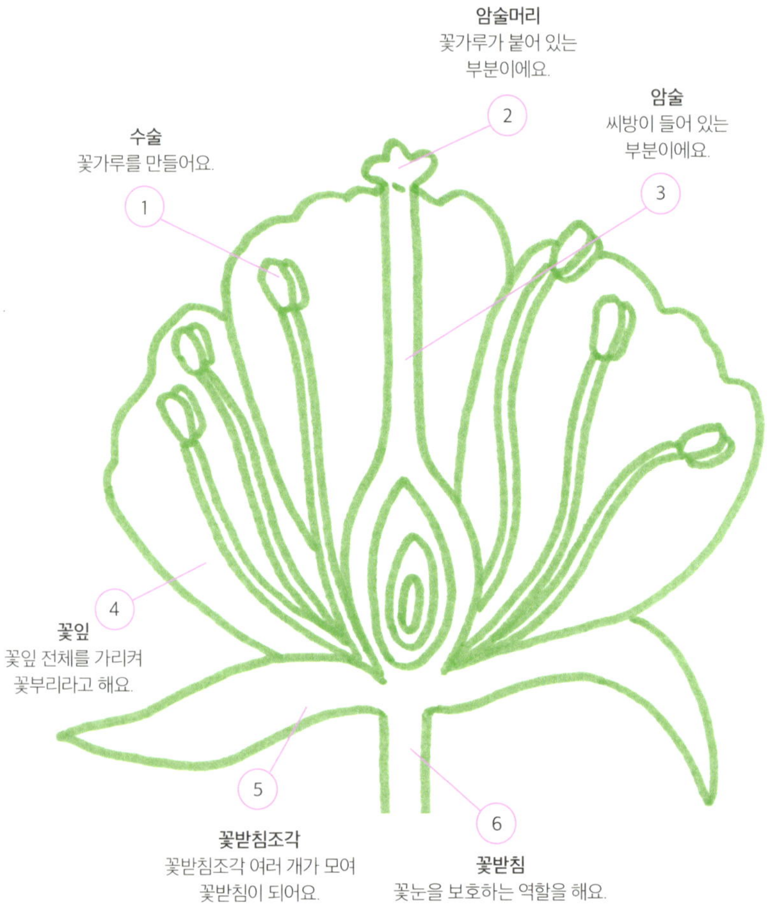

꽃은 왜 필까요?

꽃에 수술이 있으면 수꽃이 되고 암술이 있으면 암꽃이 되어요. 꽃은 보통 혼자서 번식할 수 없어요. 곤충의 도움을 받아서 꽃가루를 다른 꽃으로 옮겨야 해요.
그러면 곤충을 어떻게 끌어들일까요? 바로 예쁜 꽃을 피워서 그렇게 해요. 꽃부리 밑부분에 있는 꿀샘에서는 달콤한 꽃꿀이 나와요. 때로는 참을 수 없을 정도로 향기로운 냄새가 나기도 해요. 곤충이 꽃꿀을 먹을 때 꽃가루가 몸에 묻어요. 그 꽃가루를 다른 꽃의 암술머리에 옮기지요. 그렇게 수분이 일어나면 씨방이 열매로 변하고, 그 안에 든 씨앗은 땅에 떨어져요. 씨앗이 자라면 꽃이 다시 피어요. 할 일을 다한 꽃은 시들고요.

같은 가족이에요

균류, 고사리류, 구과식물, 조류, 지의류를 제외하고 지상의 모든 식물은 속씨식물이에요. 꽃이 피기 때문에 꽃식물이라고도 하지요. 큰키나무, 작은키나무, 덩굴나무 등 목본식물에도 꽃이 피고, 줄기가 가는 초본식물에도 꽃이 피어요. 꽃은 여러 가족, 그러니까 과(family)로 나뉘어요.

한해살이꽃

예: 물망초

한해살이 꽃은 1년만 사는 꽃이에요. 씨앗이 자라서 꽃이 피고 열매가 맺혔다가 시드는 거예요. 하지만 이때 다시 씨앗이 만들어져 땅속에서 겨울을 보내요. 이듬해에 다시 씨앗이 자라서 꽃을 피워요.

두해살이꽃

예: 팬지

태어나서 시들 때까지 2년이 걸려요. 첫해에는 뿌리와 잎에 양분을 저장해요. 땅 가까이에서 실뭉치처럼 자라다가 2년째에 꽃을 피우고 열매를 맺은 다음 시들어요.

여러해살이꽃

예: 국화

여러 해를 사는 꽃을 가리켜요. 그래서 많은 사람이 정원에 심기를 좋아하지요. 여러해살이 식물의 줄기와 잎은 1년 내내 변하지 않아요. 그리고 해마다 꽃을 피워요. 여러해살이꽃 중에서는 뿌리줄기(은방울꽃), 덩이줄기(달리아), 알뿌리(히아신스) 형태로 땅속에서 사는 꽃도 있어요.

봄

"세상이 꽃이 활짝 핀

벚나무가 되었구나."

_다이구 료칸

Tulipa
툴리파

튤립

튤립은 히말라야가 원산지이고 중동 지역에서 재배되었어요. 튤립의 이름은 '터번'을 뜻하는 터키어 튈벤드(tülbend)에서 비롯되었어요. 우아한 튤립은 그 색깔도 모양도 다양해요. 줄기는 펜싱 검처럼 날렵하고 날씬해요. 꽃은 조개처럼 둥글고 탐스러우며 꽃잎은 매끄럽기도 하고 주름이 져 있기도 해요. 튤립은 변덕스러우면서도 놀라운 꽃이에요. 처음에는 단단한 꽃눈에 갇혀 있다가 조금씩 꽃이 피어나요. 열정이 불타오르는 무용수처럼 꽃잎을 활짝 피운 뒤에 삶을 마쳐요.

과
백합과

개화기
3~5월

높이
20~75cm

튤립의 나라

16세기 네덜란드에서는 튤립 가격이 하늘 높은 줄 모르고 치솟았어요. 알뿌리 하나가 집 한 채 값이었지요. 네덜란드는 이후 튤립의 나라가 되었어요. 세계에서 판매되는 튤립의 88퍼센트가 네덜란드에서 생산되어요.

꽃덮이 여섯 개(분화하지 않은 꽃잎 세 개와 꽃받침 세 개)가 수술을 감싸고 있는 구조예요.

열정의 꽃

튤립은 사랑을 고백하는 꽃이에요. 하지만 노란색 튤립은 이루어질 수 없는 사랑을 뜻하지요. 검은 점이 있는 붉은색 튤립은 불타오르는 사랑을 말해요. 희귀한 색의 튤립을 선물하면 사랑하는 사람을 위해 모든 것을 바치겠다는 뜻이에요.

꽃은 늘 한 개가
피고, 꽃잎의 끝은
뾰족하기도 하고
둥글기도 해요.
밤이 되면 꽃이
오므라들어요.
단단하고 튼튼한
꽃줄기는 꽃의 무게를
지탱해요.
잎은 많이 나지
않아요. 두껍고 끝이
뾰족하며 잎맥은
가늘어요.

Myosotis
미오소티스

물망초

물망초는 습한 숲과 산에서 자라요. 꽃잎의 노란 중심부는 반짝이는 밤하늘의 별처럼 예뻐요. 물망초의 작은 꽃들은 정원의 화단을 청보랏빛 별들로 수놓는 재주가 있어요. 물망초의 겉모습은 가냘파 보이지만 내면의 힘은 아주 강해요. 아무도 돌봐주지 않아도 해마다 봄이 오는 3월이 되면 고집스럽게 꽃을 피워요. 때로는 다른 풀들이 자라지 못할 정도로 무성하게 자라요.

과
지치과

개화기
3~6월

높이
12~30cm

프랑스에서는 물망초를 '미오조티스(myosotis)'라고 불러요. 그리스어로 '생쥐의 귀'라는 뜻이에요. 물망초의 잎이 둥글고 털이 나 있어서 그런 이름이 붙은 거예요.

추억의 꽃

옛날 옛적에 어떤 기사와 그가 사랑하는 여인이 함께 강가를 걷고 있었어요. 기사는 물망초를 꺾으려고 몸을 숙였는데, 갑옷이 너무 무거워서 균형을 잃고 강물에 빠지고 말았어요. 기사는 물에 빠져 죽어가면서도 사랑하는 여인에게 꽃을 던졌지요. "나를 잊지 말아요!"라는 말을 남기고요. 이때부터 물망초는 사랑하는 사람을 기억하는 꽃이 되었어요.

세계 각국의 언어로

영어: forget-me-not(포겟미낫)
스페인어: nomeolvides(노메올비데스)
이탈리아어: nontiscordardimé(논티스코르다르디메)
폴란드어: niezapominajki(니에자포미나이키)
중국어: 勿忘草(우왕차오)

모두 '나를 잊지 말아요!'라는 뜻이에요.

아주 작은 꽃들
(지름 3mm~1cm)이
빽빽하게 붙어 있어요.
이런 꽃 배열을
취산꽃차례라고 불러요.
중앙에 있는
노란 부분은 꿀벌에게
꽃꿀이 있다고 알리는
역할을 해요.
정원에서 키우는
물망초의 잎은
더 길어요.

Magnolia
마그놀리아

목련

목련은 9,500만 년 전 지구에 처음 출현한 가장 오래된 속씨식물 중 하나예요. 티라노사우루스가 목련 꽃밭에서 뒹구는 모습을 상상해봐요! 멋진 풍경이었겠지요? 목련꽃은 정말 아름답잖아요. 봄이 되면 목련은 탐스럽고 보들보들한 커다란 꽃잎을 활짝 피워요. 유럽의 정원에서 가장 흔히 볼 수 있는 목련은 중국과 일본에서 왔어요. 겨울에는 잎이 떨어지고 4월이 되면 잎이 나기도 전에 분홍색 꽃을 피워요. 큰 꽃을 피우는 태산목(*Magnolia grandiflora*)이라는 또 다른 목련은 아메리카가 원산지이고 키가 큰 나무예요.

과
목련과

개화기
4월 또는 여름

높이
5~6m

얇은 슬라이드 모양의 수술과 원추 모양의 암술은 딱정벌레 같은 큰 곤충의 무게도 감당할 수 있어요.

태산목

겨울에도 잎이 떨어지지 않는 태산목은 여름에 진줏빛이 도는 탐스러운 흰 꽃을 피워요. 반들거리는 잎 덕분에 사계절 내내 아름다운 모습을 잃지 않아요. 프랑스에서는 주로 남부에서 볼 수 있어요. 따뜻한 날씨와 햇빛을 좋아하기 때문이에요. 조금 더 북쪽에 있는 낭트에서도 볼 수 있는데 18세기에 처음 태산목이 들어온 프랑스 도시가 바로 낭트였어요.

영원의 꽃

목련의 꽃말은 '평생 너만 사랑할 거야'예요.

아시아가 원산지인
목련의 꽃은
술잔 모양이어서
장식용으로 좋아요.
분홍색과 연분홍색 등
밝은색의 꽃덮이가
6~9개 있어요.
4월에 꽃이 필 때
잎은 아직 나오지도
않았지요.

Prunus serrulata
프루누스 세룰라타

벚나무

일본에서 '사쿠라'라고 불리는 벚나무에는 체리도 자두도 맺히지 않아요. 학명에는 '자두'를 뜻하는 '프루누스(Prunus)'라는 말이 들어가 있지만 말이에요. 4월이 되면 단 며칠 동안 희거나 분홍빛이 도는 작은 꽃이 만발해요. 서정적이고 기품 있는 아름다움을 뽐내지요. 비가 오면 꽃잎이 떨어져서 바닥에 예쁜 양탄자가 깔려요. 꽃이 떨어져도 벚나무는 계속 살아가요. 갈색이었던 잎이 여름이 되면 초록으로 바뀌었다가 보라색이나 주황색으로 변하면서 가을을 아름답게 수놓아요.

과
장미과

개화기
4~5월 중순

높이
3~4m

가을이면 핵과인 검은 열매가 나뭇잎 사이로 고개를 내밀어요.

하나미

일본에서는 벚꽃이 피면 '하나미'라는 축제를 벌여요. 사람들이 너도나도 공원에 모여 꽃이 활짝 핀 벚나무 밑에서 소풍을 즐겨요. 하나미는 봄이 돌아온 것을 축하하고 벚꽃처럼 잠시 피었다가 사라지는 인생의 아름다움을 기리는 풍습이에요.

작은 톱

라틴어 '세룰라타(serrulata)'는 '작은 톱'이라는 뜻이에요. 벚나무 잎의 가장자리가 작은 톱니 모양이라서 그런 이름이 붙었어요.

벚꽃은 아주 작은데,
종류에 따라 다섯 개의
꽃잎이 한 줄 또는 여러
줄로 피어요.
꽃봉오리는
짙은 분홍색이에요.
꽃은
3~5개의
다발로 피어요.

Convallaria Majalis
콘발라리아 마얄리스

은방울꽃

화창한 날 숲 그늘에 수줍은 은방울꽃이 모습을 드러내요. 방울 모양의 흰 꽃은 숲에 깔아놓은 부드럽고 향기로운 양탄자 같아요. 중세에는 은방울꽃이 행운을 가져다준다고 생각해서 5월에 결혼하는 신부의 웨딩드레스에 이 꽃을 달기도 했어요. 또 봄이 오면 겨우내 근심을 쫓기 위해 은방울꽃을 서로 교환하기도 했어요. 은방울꽃은 겸손하고 얌전한 꽃이지만 사실은 내면에 강한 힘을 감춘 꽃이에요. 순수해 보이지만 미묘하고도 진한 향을 풍기고 강력한 독을 품고 있거든요.

과
비짜루과

개화기
4~5월

높이
15~30cm

가을이 되면 꽃 한 개가 새빨간 열매로 바뀌어요. 이 열매를 먹었다가는 죽을 수도 있어요.

5월 1일

1560년 5월 1일, 프랑스의 국왕 샤를 9세는 마을 사람들에게 은방울꽃을 선물받았어요. 백성들이 전하는 마음에 감명받은 왕은 궁정에서 이 전통을 잇기로 했어요. 그렇게 해서 은방울꽃이 5월 1일의 상징이 되었지요.

고집쟁이

겉모습만 수줍은 은방울꽃에는
경쟁 상대가 없어요.
꽃, 줄기, 잎, 뿌리에 이르기까지
몸 전체에 독이 들어 있거든요. 그래서
주위에 있는 모든 것을 중독시켜요.
다른 꽃들은 감히 가까이 갈 수 없지요.

꽃이 같은 방향으로
피기 때문에 꽤
무거워져요.
그래서 줄기가 고개를
숙여요.
잎에는 수많은
잎맥이 퍼져
있어요. 잎맥들은
수평으로 뻗어가다가
가장자리에서
합쳐져요.
줄기 한 개를
잎 두 개가
감싸고 있어요.

Syringa vulgaris
시링가 불가리스

라일락

5월이 되면 담장을 따라 은은한 파스텔 색조의 꽃이 하늘거려요. 진한 꽃향기가 봄을 물들이지요. 이 꽃은 라일락이에요. 라일락은 오랫동안 동유럽 발칸반도의 외진 숲속에서 자랐어요. 작은큰키나무인 라일락은 돌보지 않아도 잘 사라고 주변으로 금세 퍼져요. 프랑스에서는 서민들이 사는 도시 변두리 지역에 피던 '빈자의 나무'였어요. 그러다가 시인과 화가들이 라일락의 매력에 푹 빠지면서 전 세계 정원을 수놓았어요.

과
물푸레나무과
개화기
4~5월
높이
1.5~6m

라일락의 꽃은 네 개의 꽃잎으로 이루어져 있어요. 꽃부리는 관 모양으로 밑으로 곧게 뻗어 있어요(그림은 변종인 '팔리빈라일락'이에요).

꽃 색깔

라일락의 이름은 '연한 보라색'을 뜻하는 아랍어 '라일락(ليلك)'에서 왔어요. 연보라색은 라일락이 원래 가지고 있는 색이에요. 파란색과 빨간색이 합쳐져 만들어진 특별한 색인 보라색은 은은하면서도 우수에 젖은 분위기 때문에 많은 예술가의 사랑을 받았어요. 요즘은 흰색, 분홍색, 양홍색 라일락도 볼 수 있어요.

씩씩해요!

라일락은 강한 식물이에요. 추위에도 잘 견디고 어디서나 잘 자라요. 자갈밭에서도 자랄 정도예요. 밑동에서 새순이 자라서 줄기가 뻗어가기 때문에 금세 주변으로 퍼져요. 꽃은 자신을 보호할 줄 알아요. 쓴맛을 내서 동물이 싫어하게 만들거든요.

작은 꽃들이 송이를 이루고
이 송이 여러 개가 바짝
붙어서 피어요. 이런 꽃
배열을 밀추꽃차례라고
해요.
라일락은 낙엽성
식물이어서 겨울이 오면
하트 모양의 예쁜 잎이
떨어져요.
라일락의 가지는
속이 비었어요.
그래서 학명에
'주사기'라는 뜻의
'시링가(Syringa)'가
들어가요.

Hyacinthus orientalis
히아킨투스 오리엔탈리스

히아신스

해마다 봄이 오면 땅속에 묻혀 있던 알뿌리에서 히아신스가 자라요. 뿌리에서 두꺼운 줄기가 자라고 그 주변에 잎이 나요. 줄기 끝에는 별 모양의 예쁜 꽃들이 큰 송이 형태로 피어요. 히아신스의 아름다움과 향기에 사람들은 넋이 나가요. 아름다운 히아신스는 동양에서 유럽으로 전해졌어요. 터키와 이란 사이에 있는 지역에서 야생 상태로 자랐지요. 『천일야화』에 나오는 하늘처럼 원래 파란색이었던 재배종 히아신스는 이제 순백색, 파우더 핑크, 양홍색, 연한 자주색, 노란색, 살구색 등 다양한 색으로 우리의 정원을 물들여요.

과
비짜루과

개화기
4~6월

높이
20~40cm

야생 히아신스인 잉글리시 블루벨(*Hyacinthoides non-scripta*)은 송이가 8~15개의 꽃으로 이루어져 있어 더 듬성듬성해요.

신의 변신

그리스 신화에 따르면 아름다움을 상징하는 그리스의 신 아폴로가 히아킨토스라는 남자를 사랑했어요. 여기에 질투를 느낀 바람의 신 제피로스는 히아킨토스를 죽였어요. 이때 히아킨토스가 죽으며 흘린 핏방울이 꽃으로 피어났다고 해요. 연인을 잃은 아폴로는 슬퍼하며 그 꽃에 히아신스라는 이름을 붙였어요.

향기로운 설탕

히아신스의 알뿌리에는 독성이 있지만 꽃은 먹을 수 있어요. 꽃을 설탕물에 담갔다가 그 물을 말리면 특이한 꽃 향이 밴 설탕을 얻을 수 있어요.

재배종인 히아신스의
곧고 촘촘한 송이는
최대 40개의 꽃으로
이루어져 있어요.
짙은 잎 4~6장이
꽃송이를 감싸고
있어요.
알뿌리에는 겨울에
양분이 저장되어요.
영하 15도에서도
알뿌리는 얼지
않아요.

Iris
이리스

붓꽃

주름 잡힌 꽃잎이 우아한 붓꽃은 노란색에서 연한 자주색, 황금빛이 도는 자주색까지 그 색이 다양해요. 무엇보다 햇빛을 받으면 찬란한 무지갯빛이 돌아요. 늪과 습지 가장자리에서 흙을 잡아주는 역할을 하는 유용한 꽃이에요. 정원에 피는 붓꽃은 '빈자의 백합'이라고 불려요. 키우기도 쉽고 우아해서 화단을 금세 화사하게 해주거든요. 하지만 붓꽃의 진짜 보물은 땅속에 숨어 있어요. 뿌리줄기에서 향기로운 즙을 채취할 수 있어서 오래전부터 진한 향수를 만드는 데 쓰였어요.

과
붓꽃과

개화기
4~6월

높이
40cm~1.2m

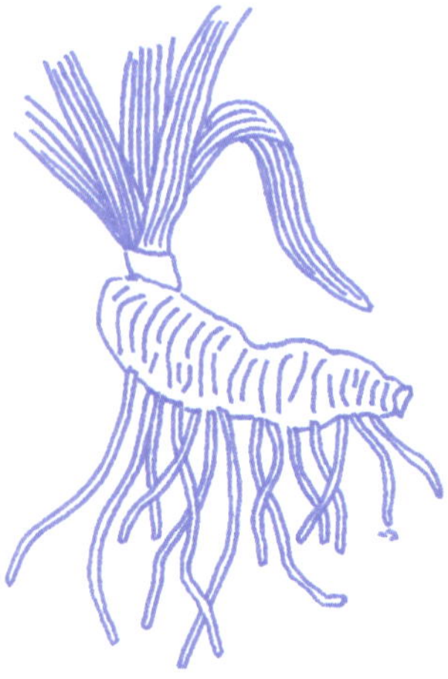

붓꽃은 땅속에 있는 뿌리줄기에서 자라요. 뿌리줄기로 향수 제조에 가장 많이 사용되는 '오리스 버터'를 만들어요. 가격은 1킬로그램당 10만 유로나 돼요.

왕가의 꽃

507년에 클로도베쿠스 1세는 게르만족과 한창 전쟁 중이었어요. 그러던 그는 어느 날 강에 이르렀어요. 그리고 강물 속에서 자라는 붓꽃을 보았지요. '그렇다면 강이 깊지 않구나!' 이렇게 생각한 그는 강을 건넜고 전쟁에서 이겨 프랑스 최초의 왕이 되었어요. 그는 붓꽃을 왕가의 상징으로 삼았지요. 붓꽃은 훗날 백합에 자리를 내주었지만요.

신의 전령사

'Iris'는 그리스 신들의 전령사인 이리스의 이름이에요. 이리스는 좋은 소식만 담은 화살을 들고 있지요. 그래서 이리스는 지금도 좋은 일의 징조로 여겨져요.

붓꽃은 나선형
모양이 특징이에요.
꽃은 세 개의 크게
펼쳐진 꽃받침과
세 개의 곧게 선
꽃잎으로 되어
있어요.
푸른빛이 도는 초록
잎은 검 모양이고,
줄기를 칼집처럼
감싸고 있어요.

클레마티스

클레마티스는 방사형으로 뻗어가는 꽃부리와 예쁜 별 모양의 암술머리가 특징이에요. 청보라색, 자홍색, 적포도주색, 짙은 보라색, 흰색 등 선명한 색을 뽐내는 꽃은 봄에 한 번 피었다가 가을에 다시 피어요. 그래서 정원을 유쾌하게 만들어주는 친구예요. 게다가 클레마티스는 도둑 같아요. 워낙 벽을 타고 기어오르는 걸 좋아하거든요. 풍성한 잎과 아롱거리는 꽃들이 눈 깜짝할 사이에 쑥쑥 자라서 벽을 뒤덮고 테라스와 정자까지 뻗어가요. 히말라야가 원산지라서 위로 올라가는 걸 좋아하나 봐요.

과
미나리아재비과

개화기
5~6월, 9~10월

높이
최대 10m

꽃이 지고 나면 표면에 털이 난 열매가 맺혀 장식용으로 좋아요. 열매는 겨울이 올 때까지 달려 있어요. 그림은 유명한 변종인 '클레마티스 플람물라(*Clematis flammula*)'예요.

머리는 태양으로, 뿌리는 그늘로

클레마티스는 심을 때 신경을 써야 해요. 벽이나 지지대에서 15센티미터 떨어진 그늘진 곳에 심어야 해요. 줄기가 지지대 쪽으로 기울어지도록 해야 하지요. 그다음부터는 혼자 알아서 태양을 향해 쑥쑥 자라요.

덩굴의 영혼

클레마티스는 덩굴식물이에요. 잎자루가 아주 유연해서 격자 철망처럼 구멍을 뚫은 지지대라면 잘 감겨 자라요.

꽃은 암술머리가
돌출된 것이
특징이에요.
클레마티스 종
대부분은 큰 꽃잎이
별 모양으로 자라요.
잎은 잎자루를
따라 두 개씩 반대
방향으로 나요.

Paeonia
파이오니아

작약

그리스 신화에 나오는 파이안은 신들을 놀라게 하려고 벌거벗고 다녔어요. 그 모습을 보고 질투가 난 여신이 파이안을 모욕하고 꽃으로 변신시켰지요. 탐스러운 꽃눈은 봄이 오면 활짝 피어요. 실크처럼 얇은 꽃잎으로 된 풍성한 주름치마를 두른 것 같아요. 꽃에서는 은은한 향기가 풍겨요. 가장 사랑받는 작약의 색은 당연히 분홍색이에요.

과
작약과

개화기
5~7월

높이
50cm~5m

작약의 꽃은 꽃잎이 800개까지 나서 풍성해요. 암술은 15개가 있고, 수많은 수술이 있어요.

치유하는 식물

그리스어 '페오니아(paeônia)'는 '몸에 이로운'이라는 뜻이에요. 중국이 원산지인 작약은 8세기부터 치료 효능이 알려져 재배되기 시작했어요. 중국인들은 작약을 꽃의 여왕으로 쳐요. 뿌리에서 추출한 물질로 간과 혈액에 좋은 치료제와 강력한 진통제를 만들어요.

분홍 마법

중세 사람들은 작약의 씨앗으로 만든 팔찌를 찼어요. 그러면 병과 귀신, 폭풍우까지 물리친다고 믿었거든요. '천 개의 꽃잎을 가진 꽃' 작약은 마법처럼 신기한 꽃인가봐요.

탐스러운 꽃은
지름이 25센티미터나
되어서 큰 공만 해요.
잎은 줄기에
하나씩 어긋나서
나고, 가장자리는
거칠어요. 잎의 윗면은
짙은 초록색이고
아랫면은 밝은
초록색에 잔털이
나 있어요.
꽃봉오리는
꽃받침에
둘러싸여
있어요.

Ranunculus asiaticus
라눙쿨루스 아시아티쿠스

라넌큘러스

라넌큘러스는 하늘하늘 여성스러운 꽃이에요. 흰색, 분홍색, 빨간색, 노란색, 주황색, 보라색 등 다양한 색을 띠는 꽃은 긴 줄기 끝에서 살랑살랑 흔들려요. 마치 즐겁고 편안해지라고 다독이는 것 같아요. 지중해 동부와 중동이 원산지인 라넌큘러스는 술탄들의 정원을 물들였어요. 십자군 전쟁이 벌어졌을 때 유럽에 소개되었지요. 라넌큘러스에는 다양한 종이 있어요. 기는미나리아재비는 신선한 버터처럼 노랗고 키가 작은 꽃이에요.

과
미나리아재비과

개화기
4~6월

높이
40~60cm

라넌큘러스는 고양이 발처럼 생긴 독특한 뿌리에서 자라요.

재미있는 이름

라틴어로 '라눙쿨루스(ranunculus)'는 '작은 개구리'라는 뜻이에요. 라넌큘러스 중 옛날 종은 늪지에 떠서 자라는 종이 많았거든요.

반짝거리는 꽃

라넌큘러스는 기름기가 있는 성분을 만들어요. 이 성분이 꽃잎에 묻어서 번들거리지요. 마치 꽃꿀처럼 보여서 꿀벌과 나비가 몰려들어요. 하지만 조심해야 해요. 피부에 묻으면 따갑거든요. 중세에는 거지들이 불쌍하게 보이려고 일부러 라넌큘러스를 몸에 비벼서 물집을 만들었어요.

수많은 수술의
일부 또는 전체가
꽃잎으로 변해요.
그래서 꽃잎이
그렇게 많은 거예요.
원통형 줄기는
아주 곧고 잔털로
뒤덮였어요.
잎은 세 개의
작은잎으로 이루어져
있어요. 잎에도
잔털이 나 있어요.

Zantedeschia aethiopica
잔테데스키아 아이티오피카

칼라

여름에 햇볕이 쨍쨍 내리쬐면 우아한 꽃이 정원에 찾아들어요. 키가 크고 날씬한 이 꽃은 화단 위로 쑥 올라와요. 길고 흰 나팔 모양의 꽃은 고급 스커트처럼 옆이 트여 있어요. 여기에서 샛노란 꽃대가 올라와요. 재미있게 생겼지요? 이 기묘한 꽃은 정체를 숨기려 해요. 라틴어 학명을 보면 에티오피아가 원산지일 것 같지만 사실은 남아프리카가 원산지예요. 이 꽃에는 독성이 있어요. 화려한 실내장식에 어울리는 우아한 꽃이지만 야생에서는 늪이나 시냇가의 진흙 속에서 달팽이들을 이웃 삼아 자라요. 모든 게 겉모습과 다르지요. 세련된 이름조차도요.

과
천남성과

개화기
6~9월

높이
40cm~1m

칼라는 알뿌리에서 자라요. 봉오리 모양의 열매에는 독성이 있어요. 만지기만 해도 따가워요.

가짜 천남성?

칼라는 천남성과에 속하지만 같은 과에 속하는 시체꽃과는 매우 달라요. 시체꽃은 썩은 시체 냄새나 퇴비 냄새를 풍겨요. 수분을 위해 파리를 끌어들이는 냄새지요.

신부의 꽃

칼라는 여러 종이 있는데 아이티피오카 종만 젊은 신부에게 어울리는 순백의 꽃을 피워요.

꽃잎처럼 보이는
것은 사실 잎이
변한 거예요.
칼라의 꽃차례는
육수꽃차례예요.
길이는 9센티미터인데,
사실 이 부분이
꽃이에요.
화살 모양의 긴 초록
잎은 번들거리고
장식용으로 쓰면
아주 좋아요.

여름

"흰 작약 맑은 차 안에
푸른 바람이 부네."

_다이구 료칸

Centaurea cyanus
켄타우레아 키아누스

수레국화

'도깨비부채'라고도 불리는 수레국화는 개양귀비와 함께 들판과 밭에서 자라요. 하지만 개양귀비보다 훨씬 약해서 농약 때문에 지금은 멸종 위기에 놓였어요. 정원에서 피난처를 찾았으니 그나마 다행이지요. 수레국화는 바람에 살랑거리는 꽃이 특이해서 쉽게 알아볼 수 있어요. 꽃대 끝에 꽃이 모여 있는 두상꽃차례예요. 꽃잎은 색종이를 찢어서 만든 무도복 같아요. 물론 예쁜 꽃 색깔도 꽃을 금방 알아보는 데 한몫해요. 보랏빛이 도는 은은한 청록색이거든요.

과
국화과

개화기
5~7월

높이
60~80cm

수레국화(그림은 산수레국화)의 꽃잎은 사실 꽃이 아니라 포엽이에요. 관 모양의 작은 꽃들을 감싸고 있지요.

유용한 식물

수레국화 꽃은 먹을 수 있어요. 샐러드에 넣어 먹으면 정말 맛있어요. 의학적으로도 장점이 많아요. 항염증과 진통 효과가 있거든요. 결막염, 아구창, 류머티즘에 좋다고 해요.

군인의 꽃

수레국화는 프랑스에서 제1차 세계대전 참전용사를 기리는 꽃이에요. 휴전 협정이 맺어진 11월 11일이 되면 사람들은 가슴에 수레국화를 꽂아요. 참호전을 벌이던 병사들이 이 꽃을 보면서 조금이나마 희망을 품고 아름다움을 느낄 수 있었어요.

꽃이 필 때 유색의
포엽이 짙은 색의
두상꽃차례를
둘러싸요.
초록색 꽃잎으로
이루어진 꽃부리는
방울(이 그림에서는
봉오리) 모양이에요.
회녹색의 잎은
가늘고 길어요.
잔털이 나 있어요.
줄기에도 잔털이
나 있어요.

Papaver rhoeas
파파베르 로이아스

개양귀비

아프리카 북서부가 원산지인 개양귀비는 중세에 프랑스를 정복했어요. 배로 실어나르던 밀 자루에 씨앗이 섞여 들어왔지요. 이 무임 승객은 빠른 속도로 프랑스의 들판을 정복했고 오랫동안 농부들에게 잡초로서 푸대접을 받았어요. 그러다가 사람들의 생각이 바뀌었어요. 프랑스에서는 국가의 상징 동물인 닭의 볏을 닮았다고 해서 '코클리코크(coquelicoq)'라고 부르기도 했어요. '코크(coq)'가 프랑스어로 '수탉'이라는 뜻이거든요. 이제는 여름이 되면 빨간 꽃부리가 점점이 박히지 않은 들판과 언덕을 상상하기란 힘든 일이 되었어요. 한여름에도 개양귀비는 색 하나 변하지 않고 뜨거운 태양을 잘 견뎌요.

과
양귀비과

개화기
5~9월

높이
20~60cm

꽃은 시들면 일종의 주머니로 변해요. 그 안에는 아주 작고 검은 씨가 가득 차요. 바람이 불면 이 씨앗들이 날아가요.

끄떡없어요

몇 년 전에 개양귀비는 멸종할 뻔했어요. 농약 때문에요. 다행히 최근에 다시 볼 수 있게 되었어요. 밭에 농약을 덜 쳤기 때문일까요? 그렇지 않아요. 개양귀비가 농약에 잘 견딜 힘을 기른 거예요. 환경에 적응한 것이지요.

수면제

개양귀비는 양귀비과에 속해요. 꽃잎에는 잠이 잘 오게 하는 알칼로이드 성분이 들어 있어요. 옛날에는 저녁에 그 꽃잎을 죽에 섞어서 아이들에게 먹였어요.

꽃이 피기 전에
꽃눈 속에 접혀 있던
꽃잎들은 주름이 진
채로 피어요.
밑부분에 검은 점이
있을 때가 많아요.
줄기는 잔털이 덮인
긴 꽃자루예요.
여기를 자르면
우윳빛 수액이
나오는데 수면제
성분이 들었어요.

Dianthus
다안투스

패랭이꽃

지중해 연안에서 태어난 패랭이꽃의 라틴어 학명은 '신들의 꽃'이라는 뜻이에요. 패랭이꽃은 그 역사가 길어요. 고대 그리스 사람들은 최초의 올림픽 대회에서 우승한 선수들에게 패랭이꽃으로 만든 화관을 씌워주었어요. 하지만 이제 패랭이꽃은 유행이 지났지요. 아마 불행을 가져다준다는 꽃잎 때문에 사람들이 피하는 걸 거예요. 하지만 종이로 주름을 잡아 만든 것 같은 외모와 은은하면서도 상쾌한 향기를 가진 패랭이꽃은 놀라운 비밀을 감추고 있어요. 수염패랭이꽃, 흰술패랭이꽃, 카네이션 등 다양한 품종으로 새롭게 태어나는 꽃이에요.

과
석죽과

개화기
5~9월

높이
10~70cm

수염패랭이꽃은 줄기 끝에 똑같은 높이로 피는 산방꽃차례예요.

혁명의 꽃

지중해 지역에서 패랭이꽃은 연인이나 정치인의 약속을 상징해요. 에스파냐에서 플라멩코를 추는 여자 무용수들은 늘 빨간 패랭이꽃을 머리에 꽂아요. 1970년대에 포르투갈에서는 독재 정권에 반발하는 '카네이션 혁명' 때 사람들이 이 꽃을 꽂아 혁명군을 지지했어요.

불행의 꽃?

프랑스에서 패랭이꽃이 나쁜 이미지를 갖게 된 것은 19세기에 연극 감독들이 더 이상 함께 일하고 싶지 않은 여배우에게 패랭이꽃을 선물했기 때문이에요.

패랭이꽃의 중심부는 대부분
색이 달라요. 꽃잎 가장자리가
중심부와 같은 색일 때도 있어요.
꽃잎 가장자리는
술 장식이나
톱니바퀴
모양이에요.
꽃자루는
관 모양이고
5~60개의
꽃받침으로
이루어졌어요.
곧고 뾰족한
잎은 회청색과
회녹색이에요.

Rosa
로사

장미

이것은 단순한 꽃 이야기예요. 그 옛날 길가의 가시 달린 키 작은 나무에서 피던 분홍색 꽃이지요. 뾰족한 가시가 있었지만 사람들은 이 야생의 나무에 금세 매료되었어요. 꽃잎은 희한하게도 심장 모양이었지요. 그래서 사람들은 그 꽃을 키우기 시작했어요. 그러면서 꽃을 변화시키고 더 아름답게 바꾸었어요. 그렇게 해서 6월부터, 그리고 때로는 9월에 전 세계 정원에 장미가 피어요. 아기 피부처럼 부드러운 꽃잎과 매혹적인 향기를 자랑하는 장미는 적절한 때에 사랑을 쟁취해야 한다고 말해줘요. 시들기 전에…….

과
장미과

개화기
6~9월

높이
50cm~4m

찔레꽃도 장미과 식물이에요. 길가에 피는 야생 장미지요. 꽃잎은 다섯 장이고, 수술이 눈에 확 띄어요.

장미의 이름으로

고대인들은 장미를 신의 선물이라 여겼어요. 장미는 무엇보다 삶과 죽음의 수수께끼를 상징했지요. 신처럼 숭고하면서도 보편적인 꽃인 장미는 로제트라는 문양을 탄생시켰어요. 가톨릭 성당뿐 아니라 이슬람의 모스크, 유대교의 회당에서도 로제트 문양을 볼 수 있어요.

사랑의 꽃

장미를 선물하는 것은 사랑을 고백하는 행위예요. 빨간 장미는 사랑의 열정을 상징해요. 분홍 장미는 상냥함, 노란 장미는 우정, 흰 장미는 순수함과 변하지 않는 마음을 상징해요.

재배종 장미의
꽃잎은 서로 겹쳐
있어서 수술이
드러나지 않아요.
잎은 가장자리가
톱니 모양이고
만지면
까슬까슬해요.
줄기는 곧고 속이
빈 경우가 많고
대부분 가시가 나
있어요.

Leucanthemum vulgare
레우칸테뭄 불가레

불란서국화

불란서국화는 데이지와 비슷하게 생겼어요. 같은 국화과에 속하는 데이지는 크기가 더 커요. 불란서국화는 겉보기에 단순해요. 까다롭지 않고 결빙과 가뭄에 강해서 어디서나 잘 자라요. 들판이나 정원에서 언제나 볼 수 있는 친숙한 꽃이어서 소중한 줄 잘 몰라요. 하지만 불란서국화를 잘 들여다봐요. 꽃잎은 부드러운 크림색이고 샛노란 중심부를 기준으로 서로 조금 겹쳐진 상태에서 방사형으로 나 있어요. 마치 태양 같지요. 날씨가 좋고 더우면 풀밭 위로 고개를 내밀어 우리에게 달콤한 말을 속삭이는 것 같아요.

과
국화과

개화기
5~10월

높이
30~90cm

불란서국화는 관 모양의 작은 꽃들이 모인 두상꽃차례예요.

먹고 싶다고요?

먹어도 돼요. 불란서국화는 식용식물이자 약용식물이에요. 사촌 격인 캐모마일처럼 마음을 진정시키고 소화를 돕는 역할을 해요.

꽃잎을 뜯고 싶다고요?

누군가가 나를 좋아해요. 조금? 많이? 열정적으로! 미치도록! 중세부터 사람들은 불란서국화나 데이지의 꽃잎을 뜯었어요. 바람에 꽃잎이 날아가고 마지막에 남는 것은 애타는 마음뿐이에요. 불쌍한 불란서국화! 사람들은 왜 이 꽃을 못살게 구는 걸까요?

꽃잎은 사실 변형된
잎이에요. 이 잎을
'잎혀'라고 불러요.
중심부에 있는 것이
꽃이에요.
잎은 가장자리가
톱니 모양인
주걱처럼 생겼고
줄기 밑부분에 나요.
줄기는 땅속으로
뻗어서 땅속줄기가
되어요. 영하 30도에서도
살아남아요.

Tropaeolum majus
트로파이올룸 마유스

한련

프랑스의 정원에 널리 퍼져 있는 한련은 열대 지방이 고향이에요. 남아메리카 대륙에서는 멕시코에서 안데스 산맥까지 이어지는 지역에서 야생 상태로 자라요. 탐험가들이 이곳에서 프랑스로 한련을 가져왔을 때 처음에는 '인도 물냉이'라고 불렀어요. 잎을 먹으면 물냉이 맛이 났거든요. 덩굴식물이어서 정자를 타고 올라가면 선명한 꽃이 피어서 아주 예뻐요. 꽃잎은 중심부가 깔때기처럼 파여 있어서 수도사의 두건을 연상시켜요. 한련은 금련화라고도 불려요.

과
한련과

개화기
5~10월

높이
30cm~4m

한련의 꽃꿀은 꿀주머니에 들어 있어요. 꿀주머니는 꽃부리가 길어진 거예요. 아메리카 대륙에서는 벌새가 한련의 수분을 도와요.

장점만 있는 꽃

한련은 진딧물을 끌어들여요. 그래서 채소밭 가까이 심어놓으면 진딧물로부터 채소를 보호할 수 있어요. 잎과 꽃에는 비타민C가 많아서 항균과 강장 효과가 있어요. 맛도 좋고요. 한련으로 비듬 제거에 좋은 샴푸를 만들기도 해요.

동요

"한련 춤을 추자 / 우리 집에는 빵이 없단다 / 빵은 이웃집에 있단다 / 하지만 그 빵은 우리 것이 아니란다 / 야!" 이 동요는 프랑스 대혁명 시기에 생겼어요. 그때 기근이 들어 배고픈 사람들이 한련을 따 먹었지요.

둥글고 큰 잎은
파란색에 가까운
초록색이어서
장식용으로 좋아요.
꿀벌이
꿀주머니에
찾아와요.
주홍색이나 노란색
꽃잎은 다섯 장이고
하늘하늘해요.
줄기는 담쟁이처럼
벽을 타고 올라가요.

Lathyrus odoratus
라티루스 오도라투스

스위트피

스위트피의 꽃은 참 예뻐요. 그리고 무엇보다 좋은 향이 나요. 시칠리아섬과 이탈리아 남동부가 원산지인 스위트피는 덩굴식물이에요. 잎은 복엽인데, 덩굴손으로 변해서 벽과 울타리 등 어떤 지지대에도 기어오를 수 있어요. 잎겨드랑이에서는 선명한 색깔의 꽃송이가 만발해요. 꽃잎은 나비처럼 배열되어 있어요. 그래서 옛날에는 '나비 모양'이라는 뜻의 파필리오나케아이(*Papilionaceae*)과로 분류했어요.

과
콩과

개화기
5~10월

높이
최대 2m

열매는 납작한 콩깍지예요. 다 익으면 꼬이면서 열려 씨앗을 먼 거리까지 보낼 수 있어요.

콩과 식물

스위트피는 완두콩, 강낭콩, 풀완두(*Lathyrus sativus*)와 같은 과에 속해요. 콩은 선사시대에 재배되었던 최초의 농작물 중 하나예요.

달지 않아요

영어로 스위트피(sweet pea)는 '단 콩'이라는 뜻이에요. 하지만 스위트피의 열매에는 독성이 있어요. 콩깍지에 든 씨앗은 중독을 일으켜서 신경학적 문제를 일으킬 수 있어요. 심하면 다리가 마비돼요.

꽃잎은 다섯 장인데
모양이 나비 같아요.
잎은 끝이
갈고리처럼
변해요.
줄기는 쉽게
여러 갈래로
나뉘어요.

Lilium
릴리움

백합

백합은 위엄 있는 꽃이에요. 꽃부리가 열리면 가장 먼저 꽃잎 세 장과 분화되지 않은 꽃받침 세 개가 보여요. 그 중심에는 수술 여섯 개가 있어요. 고대 이집트인, 히브리인, 기독교인들은 순백의 마돈나백합(*Lilium candidum*)을 성모 마리아의 상징으로 삼았어요. 오늘날에도 백합은 대대로 순결이라는 중요한 메시지를 담고 있어요. 그래서 결혼식에서 백합을 자주 볼 수 있지요.
꽃부리가 완전히 열리고 꽃향기가 진동하면 빨간 꽃가루가 생겨요. 그제야 우리는 정숙한 백합이 겉모습과는 다르다는 걸 깨닫지요.

과
백합과

개화기
6~10월

높이
60cm~1.5m

가톨릭의 삼위일체(숫자 3과 6)를 상징하는 백합은 중세에 프랑스 국왕의 상징이 되었어요. 당시에는 국왕을 신의 대리인으로 생각했지요.

젖 한 방울

백합은 그리스 신화에 등장하는 제우스의 아내이자 출산의 여신인 헤라의 가슴에서 떨어진 한 방울의 젖에서 태어났어요.
또 다른 한 방울은 하늘에서 은하수가 되었어요.

영원한 젊음

백합의 꽃잎과 알뿌리에는 붕산이 들어 있어요. 붕산은 상처를 낫게 하는 살균 효과가 탁월해요. 곤충도 쫓고 노화를 막아주는 효과도 있다고 해요.

꽃잎 세 개와
분화되지 않은
꽃받침 세 개는
총 여섯 개의
꽃덮이를 이루어요.
작은 보랏빛 돌기가
나 있는 종이 많아요.
봉오리 모양의
꽃받침이에요.
여섯 개의 수술에
꽃가루가 풍성하게
묻어 있어요. 묻으면
씻기 힘드니까
조심해야 해요.
긴 잎은 진한
초록색이고
반들거려요.

Antirrhinum majus
안티르히눔 마유스

금어초

지중해가 원산지인 금어초는 색이 선명하고 장식용으로 그만이에요. 이삭처럼 곧추선 줄기를 따라 꽃송이들이 자라요. 품종에 따라 송이가 밑으로 처지기도 해요. 금어초는 아이들이 가장 좋아하는 꽃 중 하나예요. 꽃은 원추 모양이고 입술 같은 것으로 닫혀 있어요. 옆부분을 잡아당기면 입처럼 벌어지고 그 틈으로 혀같이 생긴 것이 나와요. 금어초는 헤엄치는 금붕어처럼 생겼다고 해서 붙은 이름이에요.

과
질경이과

개화기
6~10월

높이
15cm~1.2m

관 모양의 꽃은 두 개의 입술 모양이고 안쪽에는 혀처럼 생긴 꽃잎이 있어요.

뒤영벌이 좋아해요

금어초의 입술을 들어올리고 그 안에서 꽃꿀을 빨고 꽃가루를 묻힐 수 있는 곤충은 뒤영벌뿐이에요. 꿀벌은 금어초를 쳐다보지도 않고 자기 갈 길을 가지요.

복잡하지 않아요

금어초는 얼음이 얼 정도의 추위를 못 견뎌요. 오래된 벽 근처나 자갈 사이에서 자라는 금어초는 상큼한 색으로 분위기를 밝게 해줘요. 꽃은 노란색, 빨간색, 분홍색, 흰색, 자주색, 보라색, 주황색이거나 두 가지 색이 혼합되어 있기도 해요. 16세기부터 재배된 금어초는 특별히 돌보지 않고 키워도 작은 정원 전체를 뒤덮는 것으로 유명했어요.

꽃은 꽃대 윗부분에
긴 꽃차례로 피어요.
꽃에서는 아주
향긋한 냄새가 나요.
작은 창 모양의
잎이 아주 많이 나서
짙은 초록 덤불을
이루어요.

Fuchsia Hybrida

푸크시아 히브리다

푸크시아

푸크시아는 중앙아메리카와 남아메리카의 열대 밀림이 원산지예요. 그곳에서는 담쟁이와 난초처럼 다른 나무의 가지에 착생해서 자라요. 꽃가루를 옮기는 매개체는 벌새예요. 프랑스에서는 벽이나 잎이 무성해 그늘진 나무를 타고 자라요. 여름이 되면 작은 종 모양의 꽃이 연속으로 나요. 빨간색 푸크시아가 가장 널리 퍼져 있어요. 보라색과 분홍색을 띠는 상큼한 색조 때문에 푸크시아는 색깔 이름이 되었어요.

과
바늘꽃과

개화기
6~10월

높이
20~90cm

열매는 불그스름한 작은 장과예요. 그 안에는 많은 씨앗이 들어 있는데, 맛은 쓰지만 먹을 수 있어요.

독일인 의사

푸크시아의 이름을 지은 사람은 레온하르트 푹스예요. 그는 16세기에 독일에 살았던 의사였고 식물학을 독자적 학문으로 만드는 데 이바지했어요.

독창적인 꽃

푸크시아는 네 개의 꽃받침이 프로펠러 모양으로 펼쳐져 있어요. 그 아래에는 네 개의 꽃잎으로 이루어진 꽃부리가 있어요. 그 속에 긴 수술이 있지요. 두 가지 색이 섞여 있는 경우가 가장 흔해요. 꽃받침은 반들거리는 빨간색이고, 꽃잎은 분홍빛이 도는 보라색이에요. 화려한 색이 벌새를 끌어들여요.

잎 가장자리는 가는
톱니 모양이에요.
꽃이 거꾸로
매달려 있어요.
수술은 아주 길고
끝부분이 불룩해요.

Amaranthus
아마란투스

아마란스

남아메리카가 원산지인 아마란스는 아담하고 예뻐요. 솜털이 나 있는 자줏빛 꽃은 장식용 화환처럼 생겼어요. 푸크시아처럼 아마란스도 빨간 염료를 가리키는 말이 되었어요. 프랑스에서는 아마란스를 '여우의 꼬리'라는 별명으로 불러요. 정원에 많이 심어서 가까이 있는 밭으로 씨앗이 옮겨지는데 워낙 잘 자라서 결국 밭을 다 차지하기도 해요. 세계에서 가장 많이 사용되는 제초제인 글리포세이트에도 죽지 않는 드문 식물 중 하나이지요. 정말 이름값을 하지요? 그리스어로 아마란스가 '불멸'이라는 뜻이거든요.

과
비름과

개화기
7~10월

높이
최대 1m

아마란스의 꽃은 시들지 않아요. 수많은 씨앗을 퍼뜨리면서 그대로 말라버려요.

뽀빠이보다 힘이 세요!

옛날 옛적에 마야, 아스테카, 잉카 문명에서는 아마란스를 채소로 키웠어요. 아마란스의 어린잎에는 철분이 아주 많아요. 시금치의 어린잎처럼 먹을 수 있어요.

기적의 씨앗

옛날 사람들은 아마란스의 씨앗을 기적이라고 여겼어요. 말도 안 된다고요? 그렇지 않아요. 아마란스는 단백질, 비타민, 미네랄이 풍부하고 글루텐은 없어서 뇌, 근육, 뼈, 심장, 혈액, 피부에 활력을 줘요. 당뇨와 암을 예방하고 노화도 늦춰줘요.

꽃차례는 밑으로
처지는데, 길이는 최대
45센티미터예요.
꽃차례는 꽃잎이
없고 포엽으로 뒤덮인
푸르스름한 작은
꽃으로 이루어져
있어요.
잎은 심장 모양이고
부드러운 초록색이에요.
자랄수록 짙어져요.

Helianthus
헬리안투스

해바라기

과
해바라기과

개화기
7~10월

높이
최대 4m

여름이면 밭 전체가 크고 노란 꽃으로 물든 모습을 심심찮게 볼 수 있어요. 페루가 원산지인 해바라기는 그 씨앗을 얻으려고 4,000년 전부터 재배되었어요. 씨앗에서 기름을 짜내지요. 프랑스에서는 몇 년 전부터 해바라기를 마당에 많이 심어요. 커다랗고 멋진 꽃이 한가로운 오후의 분위기를 밝게 만들어주지요. 노란 꽃잎들은 태양에서 뿜어져 나오는 빛 같아요. 해바라기과의 모든 식물은 가짜 꽃잎을 가지고 있어요. 진짜 꽃은 중심부에 모여 있어요.

해바라기의 두상꽃차례를 이루는 작은 꽃들은 황금 비율을 정의한 유명한 수열인 피보나치 수열에 따라 나선 모양으로 배열되어요.

태양을 바라봐요

해바라기는 태양이 움직이는 방향을 따라 고개를 돌리는 것으로 유명해요. 그래서 '해+바라기'라는 이름이 붙은 거예요. 하지만 이건 꽃이 아직 피지 않았을 때의 이야기예요. 꽃이 피면 남/남동 방향으로 고정되어 움직이지 않아요.

자연의 친구

해바라기는 쓸모가 많아요. 꿀벌을 불러들여 꽃꿀로 꿀을 만들게 해요. 그런 식물을 밀원식물이라고 해요. 또 해바라기는 땅을 정화하는 능력이 있어요. 그래서 체르노빌과 후쿠시마처럼 땅이 방사능으로 오염된 지역에 심어요.

중심부에 있는
꽃들은 색이 더 밝고,
이 꽃들만 생식이
가능해요.
꽃 지름은 최대
40센티미터예요.
심장 모양의 잎은
까끌까끌해요.
줄기는 아주 두껍고
뻣뻣해요.

가을

"잎이 잎 위로 떨어지네
비가 비 위로 떨어지네."

_가토 교다이

Anemone
아네모네

아네모네

소박한 시골풍의 꽃 아네모네는 바람의 꽃이에요. 이 꽃의 이름은 그리스어 '아네모스(anemos)'에서 왔는데, '바람의 숨결'이라는 뜻이지요. 봄바람이 불고 가을에 선선한 바람이 불면 털이 난 씨앗이 멀리 날아가요. 섬세하고 하늘하늘한 아네모네는 다양한 색과 형태를 띠어요. 하지만 늘 매력적이지요. 봄에 피는 아네모네도 있고, 가을에 피는 아네모네도 있어요. 아네모네를 감상할 때는 만지지 말고 먹지도 말아야 해요. 아름다운 아네모네에는 독이 들어 있으니까요.

과
미나리아재비과

개화기
5~6월 또는 9~10월

높이
5~50cm

수분이 일어난 뒤 꽃 중심부에 있는 암술 부위는 핀 머리 크기의 수과로 뒤덮여요. 이 수과는 털이 나 있고 바람이 불면 날아가요.

변덕스러운 꽃

아네모네는 중심부의 색이 더 짙어요. 꽃잎은 새빨간 색, 옅은 보라색, 선명한 분홍색이에요. 일본이 원산지인 대상화(*Anemone hupehensis*)는 중심부가 샛노랗고 꽃잎은 분홍 파스텔색이에요. 그리스 바람꽃이라 불리는 아네모네 블란다(*Anemone blanda*)는 보라색 수레국화를 닮았어요. 아네모네 네모로사(*Anemone nemorosa*)는 크림색의 헬레보어를 닮았고요. 아네모네의 품종은 300종이 넘어요.

만지면 안 돼요!

지중해가 원산지인 아네모네는 야생상태로도 자라요. 국제자연보전연맹(ICUN)의 적색 목록에서 멸종 위기종으로 분류되었어요. 그러니까 꽃을 따는 것이 금지되었으니 조심해요.

넓고 둥근 꽃잎
모양의 꽃받침이
다섯 장 있어요.
꽃은 두 겹이에요.
끝부분이 불룩한
청보라색 수술들이
암술을 둘러싸요.
꽃 밑에는 세 개의
길쭉한 포엽이
예쁘게 자라요.
모양이 아주 예쁜
잎은 얇게 갈라져
있어요.

Dahlia
다흘리아

달리아

멕시코 고원 지대에서 태어난 달리아는 정원의 해처럼 빛나는 꽃이에요. 줄기 위에 하늘하늘 매달린 꽃은 선명한 색을 띠고 있어서 그 어떤 산이라도 따뜻하게 밝힐 햇빛을 닮았어요. 특히 다른 꽃들이 시들기 시작하는 가을에는 더욱 그래요. 품종에 따라 모양도 달라요. 공처럼 둥근 달리아, 선인장처럼 뾰족뾰족한 달리아, 헝클어진 머리 모양의 달리아가 있어요. 작약, 백합, 아네모네, 수선화를 닮은 달리아도 있고요.

과
국화과

개화기
7월~첫서리가 내릴 때까지

높이
20cm~1.5m

달리아의 품종은 4만 종이 넘어요. 모양도 아주 다양하지요. 이 그림의 달리아들은 폼폼 달리아, 선인장 달리아, 아네모네 달리아예요.

물 지팡이

달리아를 재배했던 아스테카 문명은 이 꽃을 코콕소치틀(cocoxochitl), 그러니까 '물 지팡이'라고 불렀어요. 줄기가 텅 비어 있기 때문이지요. 명절에는 달리아로 치장을 했고 불룩한 뿌리는 먹었어요. 이 뿌리는 사실 감자처럼 덩이줄기예요.

씁쓸한 덩이줄기

아메리카 대륙이 발견된 뒤에 프랑스에 들어온 달리아는 감자처럼 식용으로 재배되었어요. 하지만 맛이 써서 사람들이 금세 외면했지요. 달리아는 아주 예쁘니까 맛이 없어도 용서할 만해요. 향이 없는 것도 마찬가지고요.

두상꽃차례로 모여
있는 달리아의
꽃잎은 잎혀예요.
데이지와 비슷해요.
선명한 초록색이
아름다운 잎은
깃 모양이에요.
깃털처럼 중심축인
줄기를 기준으로
작은 잎들이 나요.
불그스름한 줄기는
단단하고 도톰해요.

크로커스

이 예쁜 꽃은 겨울의 끝 무렵 풀밭에서 피어오른다고 알려져 있어요. 10월에 펴서 가을의 정취를 돋우기도 해요. 크로커스는 생명과 부활의 상징이에요. 주둥이가 벌어진 물잔처럼 생긴 꽃이 매력적인 색을 자랑해요. 그런데 쌍둥이처럼 닮은 콜키쿰(*Colchicum*)과 헷갈리지 않도록 주의해요. 콜키쿰에는 독이 있으니까요. 크로커스는 암술머리가 세 개뿐이고 콜키쿰은 여섯 개라는 것이 차이점이에요. 그렇게 큰 차이는 아니지만요. 아무튼 틀릴 수도 있으니까 그냥 눈으로만 감상하는 게 좋을 것 같아요.

과
붓꽃과

개화기
5~10월

높이
5~15cm

사프란은 가을에 꽃을 피워요. 긴 주홍색 암술은 세 개의 암술머리로 나뉘어요. 이것이 우리가 먹는 사프란이에요. 사프란 1그램을 얻으려면 꽃 200송이가 필요해요.

귀한 사프란

치료제와 염료로 쓰려고 재배하는 사프란(*Crocus sativus*)은 고대에 종교의식이 있을 때 옷이나 피부를 노란색으로 물들이려고 썼어요. 요즘은 음식에 넣어 먹어요.

콜키쿰을 조심해요!

콜키쿰에는 독이 있어요. 시들면 씨앗이 든 꼬투리가 생기는데, 옛날에는 아이들이 이 꼬투리를 터뜨리며 놀았어요. 하지만 꼬투리 한 개에는 4밀리그램의 콜히친이 들어 있어요. 콜히친은 목숨을 빼앗아갈 수 있는 무서운 독이에요.

꽃은 타원형의
꽃덮이로 이루어져
있어요. 자홍색,
흰색, 노란색, 옅은
보라색 등 그 색이
다양해요.
가을에 피는
크로커스는 잎이
없고, 봄에 피는
크로커스에는
잎이 있어요.
땅속에 있는
알뿌리에서 올라오는
줄기는 아주 짧아요.

Chrysanthemun
크리산테문

국화

프랑스에서는 11월 1일을 '모든 성인의 날'로 기념해요. 이날 묘지에는 국화가 넘쳐나요. 프랑스 사람들은 국화를 망자의 꽃으로 생각해요. 그래서 국화 하면 슬픔과 가을의 우중충한 날씨를 연상하지요. 하지만 추위에 잘 견디는 국화는 생명의 비밀을 담고 있어요. 국화의 고향인 극동에서는 국화가 끈기와 장수의 상징이에요. 중국인들은 국화를 차로 끓여 마셔요. 꽃잎에는 노화를 늦추는 것으로 알려진 셀레늄이 들어 있어요. 노화를 늦춘다니 죽음에 맞선다는 것이 맞는 말이지요.

과
국화과

개화기
9월~이듬해 1월

높이
최대 1.5m

꽃은 두상꽃차례예요. 품종에 따라 두상꽃차례가 왼쪽의 감국(*Chrysanthemum indicum*)처럼 한 개일 수도 있고, 아래쪽의 국화처럼 여러 개일 수 있어요.

불의 꽃

옛날에는 무덤에 초를 켜두었어요. 그런데 가을이 되면 바람이 많이 불었어요. 그래서 불꽃 대신 불꽃을 연상시키는 꽃인 국화를 두기로 했지요. 국화는 바람이 불어도 꽃잎이 날리지 않고 첫서리에도 잘 견뎌요.

다른 나라에서는

오스트레일리아에서는 어머니날에 카네이션 대신 국화를 선물해요. 일본인들은 국화를 아주 좋아하지요. 일본에서 기쁨과 행복을 상징하는 국화는 일왕을 장식하는 꽃이에요. 일본 여권에도 국화가 찍혀 있어요.

중심부에는 생식기관인
작은 꽃들이 있어요.
태양에서 나오는
빛처럼 생긴 꽃잎은
사실 포엽이에요.
두껍고 곧게
뻗은 줄기는
잎과 마찬가지로
설치류에게 해로운
독성이 있어요.
가장자리가 톱니
모양인 잎은 두텁고
회색 털로 덮여
있어요.

Cyclamen
키클라멘

시클라멘

겨울에 집 안 분위기를 환하게 만들어줘서 인기가 많은 시클라멘은 자연 상태나 마당에서 잘 자라는 꽃이에요. 눈에 잘 띄지 않는 작은 꽃이지요. 파스텔 색조의 가녀린 꽃은 다른 꽃들과 달리 자연이 잠드는 겨울에 피어요. 추위도 거뜬히 견디지요. 소아시아 산악지대가 원산지인 시클라멘은 추울 때 몸을 덥히기 위한 비결이 있어요. 바로 잎의 빨간 아랫면이에요. 빨간색이 빛을 흡수해서 열에너지로 저장하지요. 천연 난방기나 마찬가지예요.

과
앵초과

개화기
10월~이듬해 2월

높이
3~14cm

수분이 일어나면 꽃자루는 나선형으로 꼬이고 꼬투리를 만들어요. 꼬투리에 들어 있는 큰 씨앗들은 단맛이 나는 점액으로 뒤덮여 있어요. 그 점액 때문에 개미들이 몰려들지요.

위에 좋지 않아요

시클라멘은 덩이줄기에 약용 성분이 있어서 고대부터 재배되었어요. 덩굴줄기는 작고 동그란 빵처럼 생겼어요. 그래서 시클라멘이라는 이름을 얻었지요. 그리스어로 '쿠클라미노스(kuklaminos)'는 '원'이라는 뜻이에요. 시클라멘에 들어 있는 트리테르페노이드 사포닌 성분은 설사를 일으켜요. 그러니까 덩이줄기는 먹으면 안 돼요.

하지만 심장에는 좋아요

진실한 사랑을 상징하는 시클라멘에는 최음 효과가 있어요. 안방 창가에 놓아두면 부부의 행복이 유지된다고 해요.

꽃은 꽃잎 다섯 장으로
이루어진 한 개의 꽃부리로
되어 있어요. 꽃잎은
위로 말려 있어요.
줄기는 가늘고 약간
구부러져 있어요.
잎은 로제트 형태로
배열되어 있어요.
잎 윗면에는 흰색으로
크리스마스트리 모양이
나 있어요.

Gardenia
가르데니아

가드니아

아, 가드니아! 재스민과 바닐라 향이 섞인 가드니아의 향기는 최고예요. 수선화의 꽃잎처럼 부드러운 가드니아의 꽃잎은 생크림처럼 하얘요. 마요트에서 타히티에 이르기까지 열대 지방의 섬에서 자라는 꽃이지요. 프랑스에서는 동결에 약하기 때문에 실내에서 애지중지 키워요. 가드니아를 키우기는 어렵지만 좋은 걸 누리려면 그만큼 노력해야죠. 가드니아의 꽃은 보기에도 예쁘고 향기도 좋아요. 유명한 디자이너 코코 샤넬이 가드니아에 홀딱 반해서 향수 제품을 만들기도 했어요.

과
꼭두서니과

개화기
6~11월

높이
1~15m

꽃은 호박색의 작은 열매를 맺는데, 열과 소화 장애를 다스리는 데 쓰여요.

사랑받는 꽃

재즈 가수 빌리 할리데이는 가드니아를 좋아해서 항상 머리에 꽂고 다녔어요. 타히티에서도 손님이 오면 환영의 의미로 가드니아를 선물하지요. 가르데니아 타이텐시스(*Gardenia Taitensis*) 품종은 '티아레'로 알려져 있어요.

가든의 가드니아

가드니아라는 이름은 18세기 스코틀랜드의 유명한 식물학자 알렉산더 가든의 이름을 따서 지었어요. 당시 사람들은 이 꽃이 좋은 기운을 끌어들인다고 믿었어요.

꽃은 최대 지름
12센티미터까지
커져요.
5~12장의 꽃잎은
도톰한 열편으로
예쁘게 배열되어
있어요.
큰 잎은 타원형이고
반들거려요.
1년 내내 초록색이
변하지 않아요.

겨울

"추위에 물은 파래지고

하늘은 낮아진다."

_나쓰메 소세키

Helleborus
헬레보루스

헬레보어

'크리스마스로즈'로도 알려진 헬레보어는 발칸반도와 남유럽이 원산지예요. 눈으로 뒤덮인 정원 한가운데에 핀 헬레보어보다 더 아름다운 꽃은 없을 거예요. 추위에 매우 강해서 정원이나 전나무가 자라는 산비탈에 1월부터 피어요. 하지만 순백의 꽃잎에 속지 말아요. 이 아름다운 꽃은 사악한 검은 뿌리를 숨기고 있으니까요. 이 뿌리에는 독이 들어 있어요. 중세에는 마녀들이 흑마술에 헬레보어를 썼어요.

과
미나리아재비과

개화기
12월~이듬해 3월

높이
30cm

독이 든 치료제

헬레보어의 이름은 그리스어 '엘레보로스(elleboros)'에서 왔어요. '광기를 치료하는 약'이라는 뜻이에요. 헬레보레인이라는 성분을 많이 쓰면 신경계와 심장을 마비시킬 수 있어요. '뱀의 장미'라는 별명도 가진 헬레보어는 꽃잎에도 독이 있어서 맨손으로는 만질 수 없어요.

크리스마스의 장미

크리스마스의 장미는 블랙 헬레보어라고도 하지만 사실 꽃잎은 검지 않고 초록빛이 도는 흰색이에요. 꽃잎이 더 짙은 헬레보어가 있는데 2월에 피기 때문에 '사순절의 장미'라고 불러요. 우리나라에서는 '사순절의 장미'를 '크리스마스로즈'라고 불러요.

봄이 되면 꽃은 대과나 '골돌이'라고 부르는 특이한 열매를 맺어요. 이 열매는 조개처럼 입을 벌려서 씨앗을 퍼뜨리지요. 만지면 안 돼요.

헬레보어의 꽃잎
다섯 장은 사실
꽃받침이에요.
이 그림은 블랙 헬레보어예요.
흰 바탕에 새빨간 점이 있는 것도
있고, 검보라색의 줄무늬가 있기도
해요. 아주 희귀해서 사람들이
많이 찾는 색이지요.
중심부는 많은
수술과 꽃꿀을 담는
주머니로 변한
꽃잎으로 이루어져
있어요.
짙은 초록색 잎은
가장자리가 톱니
모양이고 작은잎으로
갈라져 있어요.

Camellia

카멜리아

동백나무

여름에는 장미라면 겨울에는 동백이지요. 극동이 원산지인 동백나무는 추운 겨울에 꽃을 피워요. 그 꽃은 정말 아름다워요. 꽃잎은 가위로 자른 듯 가장자리가 매끈하고, 새틴 같은 질감, 흰색, 분홍색, 빨간색 색조와 진줏빛이 도는 중심부, 섬세한 로제트 형태가 여러 겹으로 겹쳐져 있는 모습 등으로 화려함의 극치를 이루어요. 하지만 모든 걸 가질 순 없겠죠? 동백꽃은 향기가 나지 않아요.

과
차나무과

개화기
12월~이듬해 3월

높이
최대 10m

동백꽃은 품종에 따라 모양이 아주 다양해요.

차 한잔 할래요?

중국이 원산지인 차나무도 동백나무와 같은 가족이라는 걸 알고 있었나요? 차나무의 라틴어 학명도 카멜리아 시넨시스(*Camellia sinensis*)예요. 차나무의 잎으로 차를 만들어 먹지요. 사실 17세기에 동백나무가 영국에 보내진 건 실수였어요. 원래 차나무를 보내려고 했었죠. 하지만 동백나무가 너무 아름다워서 영국인들이 재배하기 시작했어요.

모두가 동백꽃을 사랑해요

프랑스에서는 동백꽃이 나폴레옹의 아내였던 조세핀이 가장 사랑하는 꽃으로 알려졌어요. 프랑스의 작가 알렉상드르 뒤마는 『춘희』라는 소설을 써서 동백꽃을 낭만주의의 상징으로 만들었어요. 동백꽃은 코코 샤넬이 좋아하는 꽃이기도 했어요.

꽃잎은 장미처럼
여러 장이 서로 겹쳐
있어요.
2~3개씩 모여 있는
꽃은 가는 줄기 끝에
피어요.
짙은 초록색 잎은
표면이 번들거리고
가장자리는 작은
톱니 모양이에요.

Galanthus nivalis

갈란투스 니발리스

설강화

한겨울에 피는 작은 보석 같은 설강화는 추위 속에서도 쌓인 눈을 뚫고 나와 피어요. 가까이 다가가서 우아한 꽃의 향기를 맡아봐요. 줄기 끝에 난 꽃은 수줍게 고개를 숙이고 있지요. 꽃에서는 벌꿀 냄새가 나요. 유럽이 원산지인 설경화의 라틴어 학명은 '흰 겨울꽃'이라는 뜻이에요. 모든 것이 잠든 긴 겨울의 분위기를 밝게 해주지요. 설강화는 숲과 대서양 연안의 황야, 지중해 연안의 자갈밭에서 자라요. 안타깝게도 멸종 위기종이에요.

과
수선화과

개화기
1~3월

높이
10~15cm

꽃받침은 도톰한 꽃덮이 여섯 개로 이루어졌어요. 바깥쪽에 있는 세 개는 길고, 안쪽에 있는 세 개는 짧아요. 암술 주위에 촘촘히 난 수술들을 감싸고 있지요.

율리시스의 비밀

『오디세이아』에서 율리시스는 '몰리'라고 불리는 마법의 식물로 자신의 몸을 치유해요. 학자들은 이 신비한 식물이 설강화라고 주장해요.

알츠하이머 치료제

설강화는 알뿌리에 갈란타민이라는 성분을 갖고 있어요. 알츠하이머 치료에 쓰이는 알칼로이드이지요. 하지만 제대로 사용하지 않으면 심각한 소화 장애를 일으키는 독성이 있어요.

꽃은 한 개가
피고 뒤집힌 종
모양이에요.
세 개의 안쪽
꽃덮이는
초록색이에요.
줄기에서 좁고 긴 잎
두 장이 나요. 짙은
초록색이 예뻐요.

Acacia dealbata
아카키아 데알바타

미모사아카시아

2월이 오면 지중해 지역(그리고 프랑스 브르타뉴 지방 남부)의 정원에는 자연이 준 놀라운 선물이 도착해요. 미모사아카시아가 피우는 예쁜 꽃 말이에요. 샛노랗고 동그란 꽃이 포도송이처럼 담장을 따라 늘어지면 우중충했던 겨울이 다시 환해져요. 바닐라 향도 은은하게 퍼져요. 꽃이 피지 않더라도 깃털처럼 가벼운 초록 잎들이 바람에 흔들리며 큰 매력을 뽐내요.

과
콩과

개화기
1~3월

높이
3~10m

미모사아카시아의 둥근 꽃은 수술로 이루어져 있어요. 꽃은 아주 작아서 피고 나서야 눈에 보여요.

뜻밖의 고향

미모사아카시아는 18세기에 탐험가 제임스 쿡이 오스트레일리아 대륙에서 발견했어요. 19세기에는 코트다쥐르 해변에 모습을 드러냈지요. 햇빛을 워낙 좋아하기 때문이에요. 겨울에 꽃을 피우는 이유는 미모사아카시아가 남반구 식물이기 때문이죠. 그곳은 계절이 북반구와 정반대이니까요. 습관을 고치기는 쉽지 않군요.

헷갈리면 안 돼요

미모사아카시아는 프랑스에서 '미모사'라고 불리기도 해요. 하지만 원래 미모사는 연한 붉은색 꽃이에요. 두 식물 모두 콩과에 속해요. 강낭콩과 같은 가족이지요.

한 개의 꽃차례에는
10~200개의 작은
꽃이 모여 있어요.
은빛이 나는
껍데기는 시간이
지날수록 갈색으로
변해요. 성장 속도가
매우 빨라서 해마다
60센티미터나
자라요.
매우 가는 잎은
1년 내내
푸르러요.

Viola
비올라

팬지

팬지는 워낙 흔해서 주의 깊게 보는 사람이 없어요. 하지만 돌봐주지 않아도 해마다 혼자서 씨를 잘 뿌리지요. 1년에 두 번 남몰래 꽃을 피워요. 모든 것이 회색인 겨울과 가을에 말이에요. 이 예쁘고 작은 꽃을 들여다봐요. 주름진 꽃잎은 아주 얇고 지혜롭게 겹쳐져 있어요. 매력적인 색도 감상해요. 특히 샛노란 중심부를 보면 잉크로 그린 듯한 묘한 형태가 보여요. 마치 나비 같아요.

과
제비꽃과

개화기
2~4월, 10~11월

높이
10~20cm

팬지와 매우 닮은 제비꽃은 꽃잎 두 장은 위로, 꽃잎 세 장은 아래로 향해 있어요.

사랑의 제비꽃

'팬지'라는 이름의 유래는 15세기로 거슬러 올라가요. '팬지'는 '생각하다'라는 뜻의 프랑스어 동사 '팡세(penser)'에서 왔어요. 그래서 꽃말도 '너를 생각해'예요. 옛날에는 식사 자리에서 좋아하는 사람에게 냅킨에 싼 팬지를 건넸어요. 어떤 메시지인지 말하지 않아도 알겠죠?

삼색 꽃

팬지는 사촌 격인 제비꽃과 매우 흡사해요. 꽃잎 배열과 색깔만 달라요.

노란색 중심부에
흑청색의 줄무늬나
얼룩이 있어서
알아보기 쉬워요.
꽃잎 네 장은 위로,
꽃잎 한 장은 아래로
향해요.
둥근 잎, 긴 잎, 갈라진
잎 등 품종에 따라 잎
모양이 다양해요.

Primula
프리뮬라

프리뮬러

프리뮬러의 이름은 라틴어 '프리무스(primus)'에서 왔어요. '첫째'라는 뜻이지요. 봄이 오기 전에 가장 먼저 피는 꽃 중 하나이기 때문에 그런 이름이 붙었을 거예요. 서리가 아직 녹지도 않았을 때 피어나서 당당한 꽃차례를 뽐내요. 처음 세상을 발견한 아이의 눈처럼 꽃부리를 활짝 열지요. 야생에서는 들판, 경사지, 숲에서 자라고 꽃은 원래 노란색이에요. 식물학자들은 이 꽃을 매력적이라고 생각했지요. 지금도 마당이나 발코니, 집 안을 빨간색, 파란색, 분홍색, 보라색, 흰색, 주황색 등 다양한 색으로 물들여요.

과
앵초과

개화기
2~5월

높이
10~20cm

줄기 끝에는 1~5개의 꽃이 산형꽃차례로 모여 있어요. 정성껏 만든 꽃다발 같아요.

여전사

프리뮬러가 일찍 피는 것은 뿌리가 털 뭉치처럼 모여 있어서 추위에 더 강하기 때문이에요. 크기가 작은 것도 도움이 되어요. 바람이 불어도 열을 덜 빼앗기니까요. 잎은 두껍고 작은 털로 덮여 있어서 외투 역할을 해줘요.

해치지 않아요

만지작거리거나 깨물어 먹어도 해가 없는 꽃이에요. 프리뮬러는 모든 면에서 예쁘고 착해요.

털이 덮여 있는
초록색 꽃받침
다섯 개가 꽃부리를
지탱하고 있어요.
꽃부리는 하트 모양의
꽃잎 다섯 장으로
이루어져 있어요.
중심부의 색은
꽃잎과 다를 때가
많아요.
잎은 많이 달리고
줄기 밑부분에서
로제트 형태로
배열되어요.
줄기에도 털이
나 있어요.

Narcissus
나르키수스

수선화

그리스 신화에 나오는 나르키소스의 이름에서 유래한 수선화는 항상 고개를 약간 떨구고 있어요. 마치 물에 비친 자신의 모습을 더 잘 보려는 듯해요. 수선화는 2월 말에 알뿌리에서 자라기 시작해요. 잔디나 낮은 초목이 자라는 곳에서 희고 샛노란(때로는 주황색과 분홍색) 꽃부리를 우아하게 뽐내요. 꽃부리 중심에는 당당한 나팔 모양의 꽃잎이 나요. 거기에 귀를 갖다 대면 수선화가 이렇게 외칠 것 같아요. "들어봐요. 봄이 오는 소리를요!"

과
수선화과

개화기
2~5월

높이
15~40cm

변종인 타히티는 꽃잎이 여러 겹인 겹꽃이에요.

전설의 꽃

나르키소스는 물에 비친 자신의 모습을 보고 사랑에 빠졌어요. 그래서 영원히 물가를 떠나지 못했지요. 신들은 그런 나르키소스를 꽃으로 만들어버렸어요. 하지만 조심해요. 아름다운 수선화에는 독이 있어요. 꽃잎과 줄기에 독성이 있지요. 짙은 향기는 많이 맡으면 머리가 아파요.

수선화와 황수선

두 꽃은 매우 가까운 가족이에요. 황수선(*Narcissus jonquilla*)은 수선화의 변종이에요. 하지만 황수선은 꽃이 전부 노랗고 향기도 더 은은하고 독성도 적어요.

꽃받침은 여섯 개의
넓은 꽃덮이로
이루어져 있어요.
중앙에 있는 꽃잎은
나팔 모양이고
향기가 매우 짙은
수술에 둘러싸여
있어요.
흐린 초록색 잎들은
반들거리며 꽃을
감싸고 있어요.

알아두면 유용한 용어

겹꽃

수술이 꽃잎으로 변해서 꽃잎이 많아 겹치는 형태가 된 꽃. 이런 모양은 인공적으로 만들어내는 경우가 많다.

꽃덮이

꽃잎인지 꽃받침인지 구분하기 어려운 부분이다. 백합의 꽃잎은 사실 꽃덮이이다.

꽃자루

꽃을 담고 지탱하는 줄기의 부분.

꽃줄기

(밑부분을 제외하고) 잎이 없는 길고 곧은 줄기. 알뿌리, 덩이줄기, 뿌리줄기에서 난다. 튤립의 줄기가 꽃줄기이다.

꽃차례

줄기 하나에서 난 꽃의 배열. 육수꽃차례, 산방꽃차례, 두상꽃차례, 취산꽃차례, 수상꽃차례 등 꽃차례의 종류는 많다.

도장지

식물이 뿌리에서 새 줄기가 나오게 해서 번식하는 능력. 이런 식물은 정원에서 자리를 다 차지할 때가 많은데 라일락이 그렇다.

두상꽃차례

여러 개의 작은꽃이 모여서 머리 모양을 이루어 한 송이처럼 보이는 꽃의 배열. 꽃은 포엽으로 둘러싸여 있다. 데이지가 대표적인 두상꽃차례이다.

로제트

잎이 방사상으로 배열된 모양.

삼엽

작은잎이 세 개 있는 복엽.

약용식물요법

식물이나 식물에서 추출한 물질로 질병을 치료하는 것.

잎자루

잎과 줄기, 잔가지, 큰 가지를 잇는 부분으로 유연하다. 때로는 여러 잎을 서로 연결하는 부분을 잎자루라고 한다.

잎혀

꽃잎처럼 보이는 긴 혀 모양의 포엽. 두상꽃차례의 가장자리에 배열된다. 해바라기와 데이지의 꽃잎은 사실 잎혀이다.

작은꽃

크기가 작은 홑꽃. 꽃부리는 주로 관 모양이다. 국화과의 두상꽃차례는 작은꽃으로 이루어져 있다.

작은잎

복엽을 이루는 잎조각. 예를 들어 잎이 세 개인 클로버는 세 개의 작은잎으로 이루어진 한 개의 복엽이다.

착생식물

다른 식물에 붙어서 살아가는 식물.

포엽

잎이 꽃 모양으로 변한 것.

피침형

창처럼 생긴 잎의 형태.

호생잎차례

한 개의 마디에 한 장의 잎이 붙어 있고 줄기나 잔가지에 서로 엇갈려 나 있는 잎의 배열 방식.

홑꽃

꽃부리가 다섯 개의 꽃잎으로 이루어진 꽃.

옮긴이의 글

『꽃의 계절』은 우리에게 친숙한 꽃 37종을 소개한 책입니다. 계절마다 피어나는 아름다운 꽃들을 시적인 글과 유용한 정보, 그리고 마티스를 연상시키는 독특한 삽화로 더함도 덜함도 없이 엮었습니다. 마치 조금 더 먹으면 부담스럽고 조금 덜 먹으면 아쉬움이 남을 것 같은 완벽한 셰프의 요리처럼 말입니다.

아름다운 외모에 반해 꽃을 좋아하는 독자라면 아마 이 책이 전하는 꽃의 생물학적 정보에 놀라움을 감추지 못할 수도 있습니다. 꽃이 아름다움을 뽐내는 장식이 아니라 번식에 필요한 생식기관이라는 사실은 꽃이 주는 낭만을 반감시키지요. 예쁜 꽃잎이 진짜 꽃잎이 아니라 잎이 변한 포엽일 수 있다는 사실은 경악스러울 정도입니다.

반면에 꽃이 져야만 열매가 맺힐 수 있다는 사실은 꽃의 비련미를 더해주고, 책에서 소개되는 다양한 꽃차례는 무심코 지나쳤던 꽃을 다시 한번 들여다보게 할 것입니다. 두상꽃차례를 이루는 해바라기의 작은 꽃들이 피보나치수열에 따라 나선 모양으로 배열된다는 걸 알고 있었나요? 인간의 마음을 쥐락펴락하는 꽃말들은 또 어떻고요. 불타는 사랑을 고백해주는 붉은 장미가 있는가 하면 이루어질 수 없는 애타는 사랑을 표현하는 노란 튤립이 있지요.

꽃은 인간의 삶과 떼려야 뗄 수 없는 관계를 맺고 있습니다. 주식

"모든 꽃은 저마다의 시간에 피어난다."
켄 페티

투기를 설명하기 위해 17세기 네덜란드를 휩쓸었던 튤립 버블이 지금도 회자되고 있습니다. 또 설강화는 율리시스가 자신의 몸을 고치기 위해 사용했던 약초였다고 합니다. 강물에 비친 자신의 모습에 반해 그 자리에서 한 송이 수선화가 된 나르키소스의 이야기도 유명합니다. 이처럼 꽃은 인간의 신화, 역사, 예술 곳곳에 피어 있습니다.

하지만 인간과 함께해온 꽃은 시간의 지배를 받습니다. 더 정확히 말하면 기온의 영향을 받는 것입니다. 이 책도 계절에 따라 피는 꽃을 소개하고 있지만, 점점 심각해지는 지구온난화에 앞으로 꽃은 언제 피어야 할지 모르고 갈팡질팡하게 될 것입니다. 제가 사는 동네 골목길에서는 봄이 되면 노란 개나리가 먼저 피고, 그다음에는 하얀 목련이, 마지막에는 라일락이 피었습니다. 그런데 이삼 년 전부터는 세 꽃이 동시에 피어 있는 모습을 목격했습니다. 낯선 이웃을 발견한 꽃들은 서로 얼마나 당황스러울까요? 꽃이 인간에게 주는 영향과 인간이 꽃에 주는 영향을 생각해보는 기회를 이 책이 제공하기를 바랍니다.

2023년 2월

권지현